¡No hay dilema!

LA EVOLUCIÓN ES D.I.O.S.

Una obra de

Antonio J. González-Fernández®

de la

Guanare, VENEZUELA

Septiembre 2020

©Copyright

Autor: Antonio J. González-Fernández®

Título: LA EVOLUCIÓN ES D.I.O.S.

Subtítulo: *¡No hay dilema!*

Serie: Ensayos de Ciencia

Editorial: Documentos Digitales Originales® – DocDigOri®
Guanare, Venezuela. DogDigOri@gmail.com

Fecha: 11 de Septiembre de 2020

Disponible en

en **Edición de Lujo** impresa **A TODO COLOR**
https://www.amazon.com/dp/B08HW4F4M4

y en versión de **Libro Digital** o eBook para Kindle®
https://www.amazon.com/dp/B08HXPHNH5

Para conocer otras publicaciones
del mismo autor visita su página en Amazon®
https://www.amazon.com/author/antoniojotagonzalez-fernandez

BIEN HECHO EN

DEDICATORIA Y AGRADECIMIENTO

Dedico esta obra con gratitud a todas las partículas atómicas y subatómicas, a todas las moléculas, a toda la materia inerte, a todos los seres vivos desde los primeros unicelulares hasta mis más recientes ancestros humanos, que evolucionaron para que yo pudiera existir en este infinitesimal punto del espacio y del tiempo.

Gracias a todos ellos yo estoy aquí y ahora escribiendo este libro sobre ese fenómeno natural que es la Evolución.

Gracias a D.I.O.S., al Universo y a la Evolución por haberme dado el espacio, la materia, el tiempo y la energía para pensar, meditar, escribir... ¡y VIVIR!

CONTENIDO

		Pág.
PORTADA INTERNA	....	i
©*Copyright*	....	ii
DEDICATORIA Y AGRADECIMIENTO	....	iii
CONTENIDO	....	v
Prólogo: EL DILEMA	....	vii
Prefacio: ¿EVOLUCIONAMOS?	....	xiii
I EL ORIGEN DEL TODO	....	1
II LA EVOLUCIÓN DE LA MATERIA INERTE		9
III LA EVOLUCIÓN DE LA ENERGÍA	....	17
IV EVOLUCIÓN DE LA VIDA	....	23
V LA EVOLUCIÓN DEL HOMBRE	....	33
VI LA VIDA DESPUÉS DE LA MUERTE	.....	37
VII CONCLUSIONES	....	43
Epílogo: TRASCENDENCIA	....	47
OTRAS PUBLICACIONES DEL AUTOR	....	51

Prólogo
EL DILEMA

Por: **Ph.D. Ansselm** Tаяka Σquadra ∴ Ж
West Jerusalem, Israel.

No conozco personalmente al profesor González-Fernández porque nunca hemos coincidido en el mismo punto del Espacio-Tiempo. Hace dos años tuve un contacto electrónico con él porque me interesaron algunos asuntos mencionados de sus libros **La América que murió en Berruecos** y **El Tesoro de Cartagena de Indias de 1815**, en relación con los viajes en el tiempo. Durante varios meses mantuvimos una fluida comunicación con muy interesante y útil intercambio de conocimientos, opiniones y experiencias. Nos hicimos buenos amigos.

Ahora, a mediados de septiembre de este difícil año 2020, tuvo la gentileza de enviarme su nueva publicación sobre la Evolución. Es un tema que me interesa mucho y me apasiona por mi condición de místico religioso. Él lo sabe y por eso me propuso que le escribiera el prólogo para su nuevo libro, por lo cual me siento muy honrado. Así que voy a intentar brevemente cumplir con sus expectativas.

Las ideas iniciales sobre la Evolución o cambios sucesivos de los seres vivos han existido de forma primigenia desde épocas muy remotas y en diferentes culturas. Por ejemplo, en el mundo de los musulmanes Al-Jahiz (781~868) la esbozó en el siglo IX y más tarde Nasir Al-Din Al-Tusi (1201~1274) en el siglo XIII. En la antigua Grecia varios filósofos formularon algunas propuestas o hipótesis iniciales, entre ellos ANAXIMANDRO (610~545 a.C.), EMPÉDOCLES (490~430 a.C.) y ARISTÓTELES (384~322 a.C.).

Durante los siglos XVIII y XIX, varios científicos fueron organizando y profundizando esas ideas. Jean Baptiste LAMARCK (1744~1829) formuló la primera Teoría de la Evolución y propuso que los organismos, en toda su diversidad, habían evolucionado a partir de formas sencillas que fueron «creadas por Dios». LAMARCK propuso que los cambios ocurrían en los organismos para adaptarse a los cambios que ocurrían en el ambiente. La propuesta de LAMARCK establecía que los organismos eran los responsables de sus propios cambios, mediante el uso o desuso de sus órganos que les permitía desarrollar nuevas capacidades.

Si bien fue el biólogo y filósofo suizo Charles BONNET (1720~1793) el primero en utilizar la palabra **Evolución** para referirse a ese proceso continuo de cambios; fue otro Charles, el naturalista inglés C. DARWIN (1809~1882), quien con su libro **El origen de las especies**, publicado en 1859, logró reunir, organizar y difundir las ideas en torno a la Evolución, la Selección Natural y la supervivencia de los más aptos.

Una carta que le envió el biólogo británico Alfred Russel WALLACE (1823~1913) a DARWIN donde le informaba su concepción de la Selección Natural como impulsor de la Evolución, motivó a este a publicar **El origen de la especies**. Por esta razón muchos consideran que la Teoría de la Evolución tuvo realmente dos autores: DARWIN-WALLACE. Su publicación generó grandes impactos, no solo en el avance de las ciencias naturales, sino también en las creencias y dogmas de la mayoría de las religiones. Seis años después de la publicación de DARWIN, el fraile católico y naturalista Gregor MENDEL (1822~1884) publicó en 1865 y 1866 los resultados de sus investigaciones sobre cómo se transmiten algunos caracteres de las arvejas o guisantes (*Pisum sativum*). Las investigaciones y publicaciones de MENDEL sirvieron de base para el estudio de la herencia y el desarrollo de la genética como ciencia.

Con el avance de las ciencias, principalmente en la genética, el concepto de Evolución ha ido avanzando para incorporar los más recientes descubrimientos, tales como las mutaciones, las migraciones de genes entre poblaciones, la transferencia horizontal de genes (entre especies) y la reorganización de los genes que ocurre por la reproducción sexual; todo ello genera la **variabilidad** que es la que sustenta la Evolución. Si no hay variabilidad, la Selección Natural no puede actuar diferencialmente sobre los individuos y, por lo tanto, no ocurren cambios entre las generaciones.

Hoy día entendemos la Evolución como todo el proceso de cambios y transmisión de esos cambios de una generación a otra. El término Evolución se aplica mayormente a procesos biológicos y genéticos, aunque también puede recurrirse a él para describir fenómenos sociales, ecológicos, individuales y hasta económicos. El origen y la evolución del hombre es una de las principales vertientes donde se tratan de aplicar sus preceptos.

A mediados de la década de los 70 del siglo pasado, el biólogo, matemático y genetista japonés Moto KIMURA (1924~1994) presentó la **Teoría Neutralista de la Evolución**

Molecular, estableciendo de manera firme que la deriva génica es el principal mecanismo que genera los cambios en los organismos y que luego es la Selección Natural la que se encarga de determinar cuáles cambios son beneficiosos para la especies y cuáles no son útiles. Allí radica la Evolución.

Casi un siglo después de «El origen de las especies», en 1950, la Iglesia Católica tomó una posición menos frontal contra la Evolución, con la encíclica *Humani generis* del papa PÍO XII. En ella se estableció claramente las diferencias entre el alma que es una creación de Dios y el cuerpo físico cuyo desarrollo puede ser objeto de cambios y de estudios empíricos.

Finalizando el segundo milenio, en 1996, el papa JUAN PABLO II afirmó públicamente que la Evolución es más que una hipótesis y recordó que *«el magisterio de la Iglesia estaba interesado directamente en el asunto de la Evolución porque influye en la concepción del hombre»*. Así que fue apenas hace 24 años cuando la Iglesia Católica reconoció sin ambages que la Evolución es un fenómeno real existente. Por su parte, para los musulmanes la aceptación de la Evolución sigue siendo baja porque algunas figuras prominentes la consideran como una negación de Dios, poco confiable para explicar plenamente el origen del hombre.

El dilema entre los partidarios de la creación por Dios, conocidos como Creacionistas, y los partidarios de la Evolución o Evolucionistas, se ha mantenido hasta la actualidad; con algunas variaciones ocurridas, por un lado, gracias a los avances en las ciencias que ha generado cambios en lo que entendemos por Evolución y, por el otro lado, los cambios ocurridos en las posiciones de las iglesias para modernizar sus dogmas.

Lo interesante y trascendental de esta sencilla publicación del Dr. Antonio J. GONZÁLEZ-FERNÁNDEZ es que él parte del concepto de que la Evolución no ocurre solamente en el ámbito biológico, sino que es un fenómeno universal que afecta desde las partículas subatómicas, pasando por toda la materia inerte y los organismos vivos, hasta los más grandes conglomerados de la materia, tales como astros, galaxias y más allá. Al concebir la Evolución de esta manera, se hace evidente que se trata de un proceso que no genera los cambios, sino que los fija <u>para que el orden se imponga sobre el caos</u> en cuanto a la materia inerte, o <u>la vida se imponga sobre la muerte</u> en el caso de los organismos vivos. Por lo tanto, la Evolución es la que «**crea**» nuevos modelos de organización de la materia que se adaptan mejor a los cambios en el entorno.

En lo que respecta a la vida, el fenómeno de la Evolución es entonces quien ha <u>creado</u> los nuevos organismos y ha promovido el desarrollo de relaciones entre ellos. Las especies actuales se derivaron de los cambios progresivos y acumulados, ocurridos en especies de existencia previa… ¿Quién las creo entonces?... ¡La Evolución!

Es interesante que bajo este esquema que nos presenta el Dr. GONZÁLEZ-FERNÁNDEZ, la Evolución no es un ente racional, sensible y misericordioso como el Dios al que estamos acostumbrados a imaginar. Por lo tanto, no tendría sentido orar o rogar por sus favores. No obstante, quizá sí sean producto de la **Evolución de la energía**, los que llamamos almas, espíritus, ánimas, ángeles, arcángeles, santos y otras divinidades celestiales, incluido hasta el mismísimo Dios, que sí tienen sentido para los creyentes.

Si la Evolución es universal y nadie ni nada se puede escapar de ella, ¿no están acaso las energías también sujetas a alguna forma de Evolución? Quizá el avance en el desarrollo de las capacidades intelectuales o inteligencia, generó algún tipo de energía que pudiéramos llamar «energía espiritual», la cual se libera cuando muere el cuerpo. Esa energía es entonces lo que llamamos **«alma»** y por eso, quizá los animales inferiores y las plantas no tienen alma, porque no tienen inteligencia propiamente dicha.

¿Quiénes están de un lado y del otro de una línea imaginaria que separe los seres con alma de los sin·alma o desalmados? ¿Existe un nivel o grado de inteligencia que pueda servir como divisor entre esos dos grupos?

Espero que este trabajo del profesor González-Fernández estimule el desarrollo de nuevos avances en las ciencias y en las religiones. Agradezco la oportunidad brindada para poder leerlo por adelantado y contribuir con este prólogo que sirve como presentación de su obra.

Prefacio
¿EVOLUCIONAMOS?

La Evolución no es un invento del hombre... ¡es un descubrimiento! Y ha sido un descubrimiento muy esquivo y difícil de comprender debido a su complejidad. La humanidad ha tardado más de 1500 años desde que en la antigua Grecia se tuvieron las primeras nociones conocidas sobre la ocurrencia de cambios en los seres vivos, hasta llegar al concepto que tenemos hoy y que se sigue enriqueciendo continuamente a medida que las ciencias van avanzando.

En ese trayecto, han ocurrido muchas desviaciones de la verdad o malas interpretaciones sobre cómo ocurren los cambios, pero esos errores eran un riesgo lógico, debido a la complejidad del fenómeno en cuestión.

Si bien el conocimiento del hombre sobre la Evolución se inició hace digamos que 1600 años, el fenómeno existe desde mucho antes, incluso desde antes de la existencia de la vida... La Evolución como fenómeno integral existe desde que existe el universo, o sea, desde el «*Big Bang*» que ocurrió hace unos 13 800 millones de años que fue cuando se originaron la materia, el espacio, el tiempo y la energía. Antes de eso, aún no hemos podido descifrar qué había y qué no había. Yo creo que si no había tiempo, tampoco habían cambios de nada porque no existían ni la materia ni el espacio, por lo tanto, no habían texturas, ni formas, ni sonidos, ni colores... Todo, absolutamente TODO lo que existe en el Universo hoy, estaba distribuido uniformemente en una especie de **«queso**

fundacional» que no tenía límites porque no había espacio ni dimensiones. Es un concepto demasiado complejo y abstracto para poder imaginarlo. La sola cifra de 13 800 000 000 es difícil de imaginar cuando se refiere a años.

Ese es un punto que quiero desarrollar en este libro: La Evolución de la materia inerte porque esa Evolución fue la que terminó originando la vida y la Evolución de la vida nos trajo a nosotros los humanos… Y somos nosotros los humanos, con nuestra capacidad de entendimiento o inteligencia, los primeros seres vivos de este planeta que estamos intentando comprender y explicar ese fenómeno que llamamos Evolución.

Con la Evolución ocurre algo similar a lo ocurrido con los hasta ahora supuestos «Antiguos Astronautas». Para los humanos de la antigüedad eran tan asombrosos e inexplicables los hechos de aquellos seres voladores que visitaron este planeta, que no pudieron hacer otra cosa que considerarlos **«dioses»**. Ellos veían que venían del cielo y cuando se iban se convertían primero en una gran luz muy potente y a medida que se elevaban se transformaban en un minúsculo punto luminoso en el cielo nocturno, como cualquier estrella del firmamento, hasta desaparecer. De allí surgió quizá la adoración a las estrellas y a aquellos «dioses». Quizá de allí se originó hasta el concepto del «Cielo» adonde aspiramos ir después que muramos, ese donde todo es maravilloso y espectacular.

Los hombres antiguos, que ni siquiera sabían que la Tierra no es el único astro en el Universo, se preguntaban sobre el origen de todas las cosas que se encontraban en su entorno como ríos, montañas, árboles, animales grandes y pequeños, rocas… ¿De dónde salió todo eso? ¿Quién lo hizo?

Así surgió posiblemente la idea de un ser superior y omnipotente, capaz de hacer cualquier cosa. Sus mentes no podían concebir ni interpretar todo lo que para nosotros significa esa corta cadena de nueve letras: **EVOLUCIÓN**. Tengamos en cuenta que a nuestra cultura moderna le ha costado unos 170 años, contando solo desde que fue utilizada por primera vez la palabra Evolución para designar ese fenómeno, para poder desarrollar una teoría que explique de manera más o menos suficiente todo lo que ocurre en ese fenómeno, al menos en lo que concierne a la vida: desde las cadenas de ADN, los cromosomas, los genes, las células… hasta los organismos, sus poblaciones y sus comunidades.

A todos mis lectores les dejo esta expresión escrita de mis pensamientos, reflexiones y meditaciones sobre la Evolución Universal.

Antonio J. González-Fernández
Guanare, Venezuela.

El espiral de la Evolución (Autor desconocido).

I

EL ORIGEN DEL TODO

¿Cuándo se inició todo lo que conocemos?
¿De dónde y cómo surgió ese todo?
¿Qué había antes?
¿Y lo que no conocemos?

Para iniciar este libro, voy a incluir aquí, con el debido permiso de la autora, el excelente prólogo que escribió la astrofísica Ph.D. Sussahn SWOLAN ꓘARPORSJ de la **Sociedad Científica Planetaria para el Estudio del Tiempo y el Espacio** (*Planetarisch Wissenschaftliche Gesellschaft zur Erforschung von Zeit und Raum,* Alemania) para mi ensayo de ciencia «**La Tridimensionalidad del Tiempo**» publicado el 24 de noviembre de 2019 (*https://www.amazon.com/dp/1710670061*):

«En la antigüedad, posiblemente el primer concepto del tiempo fue desarrollado a partir de los ciclos naturales, tales como las sucesiones de días y noches, las fases de la Luna y las estaciones del año. Por ello, el primer concepto del tiempo puede decirse que era cíclico o circular. Los mayas por ejemplo, desarrollaron un sistema de calendario muy avanzado el cual funciona de forma mecánica como si fuesen engranajes que giran unos dentro de otros, representando los ciclos del Día, de la Luna y del Sol. Esos tres ciclos tenían importantes influencias en las actividades diarias y en la disponibilidad de productos alimenticios en la naturaleza para la recolección, en la agricultura, en la salud de la gente, en el clima, ritos religiosos, entre otros.

PLATÓN dijo que *«el tiempo es la imagen móvil de lo eterno»*, por lo tanto al expresarse en éstos términos podemos entender que ya él no concebía el Tiempo como una dimensión estática, ni cíclica.

ARISTÓTELES dijo que el tiempo va ligado a la existencia de los cuerpos, y mide sus cambios y su movimiento desde un estado anterior a otro posterior. Según su concepción, sin cuerpos cambiantes o en movimiento no habría tiempo, pues es el movimiento o los cambios de los cuerpos lo que permite comprender el paso sucesivo de un estado a otro, del pasado al presente, y de este al futuro.

Las teorías de ARISTÓTELES no resolvieron el problema del tiempo, sino que ofrecieron una nueva especulación, quizá por eso es tan admirado en nuestra época actual. Necesitaba medir el tiempo y, por lo tanto, lo asoció a números, a unidades de medida. Para entenderlo necesitaba dividirlo en unidades prácticas y así creó el concepto del *instante* como unidad básica de tiempo. En el fondo se ve empujado a darle la razón a PLATÓN porque el tiempo es algo numérico y fijo, pero es simultáneamente algo etéreo, capaz de ser captado, procesado y usado por un alma.

Los romanos dividían el tiempo en **«ocio»** y **«negocio»** (no ocio). Por una mala comprensión de su concepción vivimos inmersos en un mundo que todavía ve en el trabajo una especie de maldición bíblica, y por eso el tiempo se desea para un uso prioritariamente lúdico y festivo, pero perdemos de vista que el tiempo es la materia fundamental con que se cambia y se construye la realidad de cualquier ser. Tener tiempo no es tan solo disponer de él para la holganza, para el ocio, sino disponer equilibradamente de él para la propia formación y superación.

Tras la aparición del reloj mecánico en el siglo XIV y los primeros pasos científicos en el siglo XV, desaparece la visión subjetiva del tiempo, y es a partir de GALILEO y de NEWTON cuando la mecánica clásica lo concebirá como una variable de valor matemático, como algo físico y medible, que puede determinarse y evaluarse por experimentos, cuya realidad

LA EVOLUCIÓN ES D.I.O.S.

no precisa relacionarse ya con el movimiento para poder ser medida, y que existe desde el origen del Universo hasta la eternidad, como algo ilimitado e inamovible, tan constante como un tic-tac que no pudiera parar. El tiempo es una **«materia fundamental»** en la construcción de cualquier realidad, pero no puede ser minado, copiado, ni reproducido. El tiempo gastado no puede volver a ser invertido en otra actividad, no es reciclable ni reutilizable.

Llegados a nuestra época contemporánea, y como único fruto posible de un mundo frío y mecánico, las ideas sobre el tiempo pasan por personajes como HEIDEGGER y su postura de que el tiempo del hombre es limitado, porque *«el hombre es un ser que vive para morir»*, o sea, es un ser temporal. Para él, el tiempo no es como un recurso fijo preexistente, sino algo que es concebido por el propio hombre debido a su conciencia sobre el carácter de temporalidad que tiene, pues sabe que si algo tiene seguro es su propia muerte.

Fue el filósofo francés Henri BERGSON quien planteó claramente la subjetividad del tiempo, dando un salto cualitativo en las concepciones anteriores. Para él, hay un tiempo uniforme, objetivo y continuo, del que podemos medir su duración mediante los relojes, y hay un tiempo auténtico – el único verdadero –, que tiene una *«duración real e imperecedera»* y está referida a la propia vida interior que es el alma.

Frente a la mentalidad positivista que cree tan sólo válido lo que puede ser mensurable, y que estructura los campos del saber en torno a una visión experimental, excesivamente materialista y determinista, en la que la ciencia adopta el papel de tabú, BERGSON contrapone su visión de un tiempo no externo, no falseado, que mide la vida interior de la conciencia. Para las ciencias, el tiempo (**t**) es una magnitud concreta de valor positivo o negativo (**+t** o **-t**), pero el tiempo que comprende nuestra intuición no es estático, sino dinámico; no señalado por magnitudes fijas, sino más cualitativo que cuantitativo; no determinado, sino fruto de nuestra libertad de crear y de sentir.

La verdadera revolución en las concepciones sobre el tiempo se la debemos a la genialidad de Albert EINSTEIN, al introducir su concepto del «Espacio-Tiempo». A partir de EINSTEIN y su teoría de la Relatividad General, el tiempo ya no es una magnitud absoluta, sino relativa que varía en función de quién y bajo qué circunstancias se mida. No es tan sólo que la percepción subjetiva que tenemos de la duración de un acontecimiento sea variable, sino que como magnitud física el tiempo es variable y está en función del sujeto que lo experimenta, dependiendo de la velocidad a la que se mueve y en relación con la masa de los objetos, de la posición estática o en movimiento de quien lo mide, de su posición cercana a una masa gravitatoria o alejada de ella, y en todos estos casos precisos relojes marcarán desfases constatables de pequeñísimas fracciones de segundo. Así, son hechos ya constatados que el tiempo transcurre más lentamente si se mide cerca de una gran masa gravitatoria (en un rascacielos los relojes situados en la planta baja van más lentos que los situados en las últimas plantas). El tiempo a grandes velocidades (próximas a la de la luz) también se ralentiza. EINSTEIN terminó con la concepción de un tiempo absoluto de velocidad constante.

La ciencia contemporánea comenzó entonces a trabajar con dimensiones más allá de nuestro espacio físico. Se comenzó a hablar de hiperespacios con decenas de dimensiones y a calcular matemáticamente sus intrincadas ecuaciones, que permitían desarrollos de las propiedades físicas existentes en ellos, aunque no siempre fueran fáciles de comprender sus resultados, por la dificultad de imaginarlos.

Científicos como Roger PENROSE y Stephen HAWKING desarrollaron las ideas básicas de EINSTEIN, y así se comenzó a hablar de los agujeros negros como de posibles puertas hacia otras formas de materia o de antimateria, si se pudiera salir vivo de su tránsito. Investigaron las concepciones de EINSTEIN y ROSEN sobre la posible existencia de puentes entre puntos distantes de nuestro universo, los llamados **«agujeros de gusano»**, que podrían servir como pasos hacia otros universos paralelos, hacia otros mundos ya fueran simultáneos o regidos por otras medidas de tiempo, y se investigaron los posibles puentes o conexiones hacia otras dimensiones no tan sólo físicas, sino concienciales.

Cuando Gamow lanzó la idea del origen del universo a partir de una gran explosión que denominó *«Big Bang»*, se planteó también la idea de que todos los acontecimientos anteriores a él no tienen relación con nuestro Espacio-Tiempo. El tiempo, por lo tanto, comenzó a transcurrir en el momento en que sucedió el *Big Bang*, hace unos 13 800 millones de años, y a partir de ese momento este Universo comenzó a existir y a expandirse.

¿Qué hubo antes del *Big Bang*?

Tal como afirmó Stephen Hawking en su **Historia del Tiempo**, se puede decir que el tiempo empezó a transcurrir con el primer conato de cambio que dio origen al *Big Bang*. Antes de eso todo era estático e inmutable, no ocurría absolutamente nada. No había universo, no ocurrían acontecimientos de ninguna índole, ni en ninguna escala, no habían causas ni consecuencias de nada… ¡No había tiempo!

Poco podemos decir sobre lo que había antes del *Big Bang*, porque ese fue el preciso momento en que comenzó nuestro tiempo. No tiene sentido tratar de aplicar el concepto de tiempo antes de esa singularidad, es imposible. Antes del *Big Bang* el universo era posiblemente, según algunos autores, una inmensísima masa infinitamente densa, algunos dicen que incandescente, pero yo creo que más bien era helada, totalmente en el cero absoluto (Ø K) porque si hubiese sido incandescente habrían ocurrido cambios y eso significaría que habrían sucedido acontecimientos, unos después de otros, y para eso tendría que haber existido el tiempo. De modo similar pienso que quizá no era una inmensa esfera, sino más bien un infinitesimal punto, sin dimensiones y sin masa porque no existían ni el espacio ni la materia.

Con el *Big Bang* comenzó el tiempo y comenzaron a suceder acontecimientos… Allí comenzó la Evolución. De acuerdo con la aseveración del Dr. González-Fernández de que **«La Evolución es Dios»**, que será tema de una próxima publicación según me ha prometido, podemos asegurar entonces que la ocurrencia del *Big Bang* es la primigenia manifestación de Dios (o de la Evolución). A partir de allí, todo lo que conocemos, y también todo lo que aún no conocemos, que existió, existe y existirá, es producto de la Evolución, a la que llamamos Dios.

Ahora, surge esta nueva visión conceptual del **«Tiempo 3D»** que nos propone el Dr. GONZÁLEZ-FERNÁNDEZ. Con esta propuesta, el Tiempo en sí mismo es también un «espacio», que él denomina el Tempoespacio. Hay que tener cuidado porque es fácil confundirse: ese Tempoespacio del cual nos habla GONZÁLEZ-FERNÁNDEZ no es el mismo Espacio-Tiempo que estudió EINSTEIN. El Tempoespacio que se nos presenta ahora es única y exclusivamente **TIEMPO**, es un «espacio» abstracto que por sí mismo no tiene nada que ver con la materia ni con distancias u otras magnitudes físicas, con la ubicación de esta en el espacio o incluso con su ausencia (vacío)... ¡Es TIEMPO y solo TIEMPO!

Si nos vamos a antes del *Big Bang*, podemos imaginar que existían dos hemiuniversos independientes y separados: el primero era el **Hemiuniverso Material (H_M)** constituido por el espacio físico de distancias en 3D (largo, ancho y alto) y otras magnitudes físicas como masa, superficie, volumen, entre otras; estaba repleto de materia inerte, helada (0 K), oscura, inmutable, estable e inmóvil; pero también con grandes espacios absolutamente vacíos, negros, helados e inertes. Para mí, toda la materia antes del *Big Bang* formaba una masa como un queso, infinitamente grande, sin color porque no había luz, sin superficie porque no tenía fin, helada, inerte, inmóvil... Era como una fotografía en 3D.

El otro hemiuniverso era el **Hemiuniverso Temporal (H_T)** que es lo que el profesor GONZÁLEZ-FERNÁNDEZ ha denominado **Tempoespacio**, en el cual no existía materia de ningún tipo, ni tampoco existía vacío. Ambos hemiuniversos no estaban relacionados, eran universos coexistentes, pero sin ninguna relación entre ellos, ni siquiera eran paralelos, opuestos o complementarios. Eran dos universos totalmente diferentes e independientes.

Esos dos hemiuniversos colisionaron en lo que podríamos llamar una singularidad (evento único e irrepetible) que llamamos *Big Bang*. Se fusionaron uno con el otro y dieron origen a este Universo actual que pretendemos conocer, comprender y explicar. En ese preciso instante de la colisión surgieron la materia (y la antimateria), el tiempo y el espacio... Y empezaron a ocurrir cambios en la materia... ¡Ahí se inició la Evolución!

¿Y cómo surgió la vida?

Algunos millones de años después, en alguna parte de ese Universo, o quizá en varios sitios dispersos, se originó la mayor proeza de la Evolución que es la **VIDA**. Surgió la vida y la Evolución continuó operando hasta que más recientemente formó su obra física (*hardware*) más compleja y trascendental (hasta ahora): el **Hombre**. Con este ser vivo evolucionó en el Universo algo que solo había existido hasta entonces en forma muy incipiente en algunas formas de vida: la **Inteligencia** (*software*)... y la inteligencia también evoluciona y lo hace ahora aceleradamente.

Luego de aproximadamente 13 800 millones de años después de aquel *Big Bang* y de haberse iniciado nuestro Universo Espacio-Tiempo, la materia y la Evolución, el hombre con su inteligencia hace esfuerzos sostenidos por tratar de entender, comprender, explicar y aprender a usar el enigma del Tiempo. Sin duda alguna, este sencillo aporte del profesor González-Fernández es un gran avance porque representa un importante cambio de paradigma: **el Tiempo también es tridimensional**».

No puedo continuar sin dejar aquí un testimonio expreso de mi gratitud a la Dra. Swolan Karporsj por su excelente prólogo para mi libro **La Tridimensionalidad del Tiempo** y por haberme permitido incluirlo también en este nuevo libro. Es una muy buena síntesis sobre la historia del tiempo, de su concepción e interpretación.

¡No hay dilema!

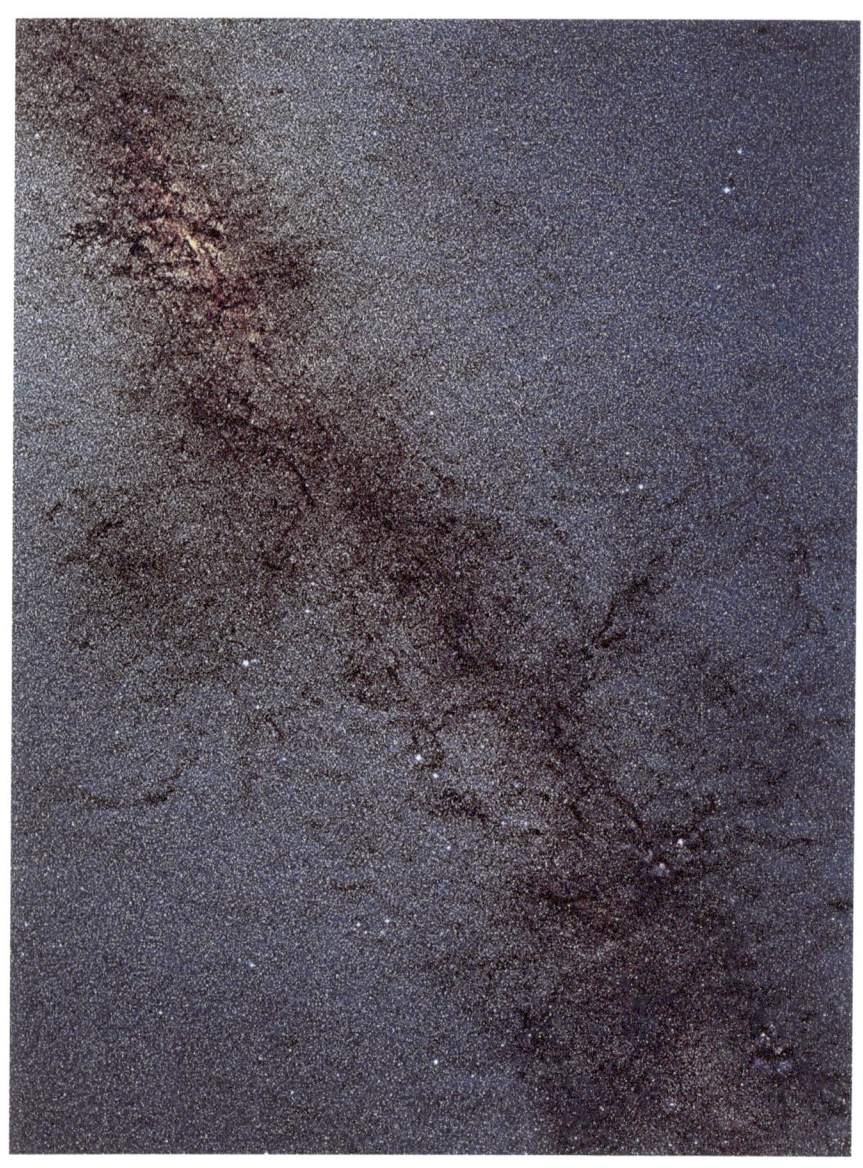

Espectacular vista de la Vía Láctea desde el planeta Tierra hacia el centro de la galaxia [Foto NASA®].

II

LA EVOLUCIÓN DE LA MATERIA INERTE

¿Evoluciona la materia inerte o sin vida?
¿Cómo fueron los cambios en la materia
inerte que dieron origen a la vida?
¿Tendencia al caos o tendencia el orden?

Estamos acostumbrados a referirnos a la Evolución como un fenómenos natural que pareciera ocurrir solamente en los seres vivos. Eso se debe posiblemente al profundo interés en conocer el origen del hombre y de su inteligencia. Sin embargo, no debemos perder de vista que la materia inerte o sin vida también ha evolucionado, evoluciona y continuará evolucionando.

No podemos olvidar el valioso trabajo de Aleksandr OPARIN (1894~1980) titulado **El origen de la vida** (1924) con el cual explicó al mundo cómo se originó la vida a partir de los cambios de la materia inorgánica, desde los átomos, a moléculas simples, luego moléculas de compuestos más complejos, macromoléculas como los aminoácidos, luego proteínas y otras moléculas orgánicas, o sea, constituidas a base de la química del elemento Carbono. Aquellas moléculas primigenias de proteínas se agruparon y formaron los coloides que tenían mayor estabilidad que las proteínas libres o independientes. Esos coloides interactuaban químicamente con otros agregados de moléculas y se mantenían unidos por fuerzas electrostáticas. Fueron los coacervados.

Fueron cambios progresivos en los niveles de organización de la materia inerte que fueron generando diferentes combinaciones y nuevos compuestos. Así sucesivamente se formaron «núcleos» cada vez más complejos hasta que «gracias al azar» surgió una combinación y un modelo de organización de la materia que fue capaz de autoreplicarse. Fue posiblemente una reacción química compleja que se autocatalizaba... Por ahí, cerca de ese momento y de ese lugar del Universo, surgió por primera vez la vida. Todos esos cambios sucesivos, progresivos y acumulativos ocurrieron en materia inerte o sin vida... ¿No es acaso eso también Evolución?

La Evolución de la materia inerte es entonces un fenómeno natural que impulsa las partículas hacia niveles superiores de organización, hacia el ORDEN que se contrapone al CAOS. Siempre, en todas las escalas del Universo, desde las subatómicas hasta las astronómicas o intergalácticas, habrán componentes en caos, pero la tendencia natural es hacia el orden. Las partículas o combinaciones caóticas de la materia tienden a desaparecer porque son inestables. En cambio, el orden tiende a ser estable... Al ser más estable perduran más en el tiempo, o sea, «sobreviven» o persisten más tiempo y durante esa prolongada existencia habrán nuevas oportunidades de recombinarse y formar nuevos modelos de organización de la materia... ¿No es eso similar al concepto de Selección Natural o «sobrevivencia de los más aptos» que aplicamos a los organismos vivos?

Esa tendencia química hacia el orden, se repitió casi de forma idéntica en la física, en las escalas superiores de la astrofísica. Antes del *Big Bang* no existía lo que conocemos actualmente como el Universo. No existían la materia, ni el espacio, ni el tiempo; por lo tanto, no existían las formas, los colores, las texturas, ni los cambios entre ellos. Es difícil imaginar qué era y cómo era lo que existía antes del *Big Bang*. Si no existía la materia, tampoco existían los elementos químicos. Podemos imaginar el **«Todoverso»** que existía antes del *Big Bang* como una especie de **«Queso Fundacional»** construido de las más ínfimas partículas que conocemos hoy como subatómicas. Ese queso era uniforme, pero no tenía tamaño ni dimensiones porque no existían las formas ni el espacio. Era posiblemente un cuerpo sólido, estático y absolutamente helado (**Ø K**) porque no existía energía de ningún tipo. Ni siquiera existían los enlaces químicos.

Aquel era un queso sin corteza, no tenía superficie porque no había externalidad. Era infinito, pero no sabemos si infinitamente minúsculo o infinitamente grande. Aunque el término *Big Bang* sugiere que hubo una gran explosión, no necesariamente la hubo, simplemente al iniciarse el tiempo, la materia y el espacio empezaron a ocurrir los cambios y se inició la Evolución.

Si consideramos que la mínima fracción de tiempo es un attosegundo (*as*) que equivale a una trillonésima parte de un segundo, o sea:

$1\ as = 10^{-18}\ segundo = 0,000000000000000001\ segundo$

podemos decir que solo un attosegundo después del *Big Bang* se inició la Evolución para todas las «partículas» que formaban aquel «Queso Fundacional».

En aquel caos inicial, debido a la fuerza universal de atracción de los cuerpos, se fueron juntando partículas subatómicas formando unidades cada vez más grandes y más estables, <u>favoreciendo la tendencia hacia el orden</u>. Partiendo desde la escala subatómica, debido a las fuerzas electrostáticas y de atracción universal, se fueron formando aglomeraciones cuya primera unidad más ordenada fue el átomo. Se formaron átomos diferentes y así se originaron los elementos químicos, desde el más sencillo que es el hidrógeno que tiene solamente un electrón girando alrededor del núcleo, hasta los más complejos que tienen más de 100 electrones. Hasta ahora el elemento químico con mayor cantidad de electrones que ha sido descubierto en laboratorio es el **Oganesón (Og)** que tiene 118 electrones y fue descubierto en 2002. Los elementos más comunes o abundantes en el Universo tienen relativamente baja cantidad de electrones, aunque no se trata de una correlación perfecta porque hay elementos más reactivos que otros. Es lógico suponer que los elementos con menor cantidad de electrones en sus átomos fueron los primeros que se formaron.

Diferentes átomos se fueron uniendo y formaron moléculas, dando origen a los compuestos químicos. Con la formación de los primeros enlaces químicos se inició la acumulación de energía. Las moléculas luego se fueron acercando por las fuerzas de atracción universal y se combinaron, formando estructuras cada vez más grandes hasta que se formaron los inmensos astros como las estrellas, planetas satélites, cometas, etc.

El equilibrio entre las fuerzas gravitacionales y las fuerzas repulsivas surgidas de los movimientos de rotación y traslación de los astros, permitió la estabilidad de los astros organizados en sistemas estelares y planetarios. Es un modelo de orden muy estable en cualquier escala. Por eso lo vemos idéntico en la escala subatómica con un núcleo central rodeado de electrones girando a su alrededor en diferentes órbitas. En la escala astronómica se repite: una estrella con planetas girando a su alrededor... e incluso más allá porque esos sistemas estelares-planetarios se organizan en galaxias en las cuales giran, en el caso de la Vía Láctea, en torno a lo que hasta ahora parece haber en el centro gravitacional que es un agujero negro supermasivo.

Varias galaxias forman un grupo o un cúmulo, según la cantidad de ellas que contenga, que pueden ser algunas decenas en los grupos hasta varios miles en los cúmulos. También hay los supercúmulos de galaxias que son las estructuras más complejas y recientes, formados por centenares o miles de cúmulos. ¿Qué habrá más allá? ¿Hasta dónde llegará ese modelo? ¿Existirán diferentes «universos» girando alrededor de un «centro multiuniversal»?

Los 13 800 millones de años transcurridos desde el *Big Bang* parece un tiempo asombrosamente largo. Sin embargo, cuando pensamos en todo lo que ha ocurrido en el Universo durante ese lapso, la organización de toda la materia desde las más pequeñas partículas subatómicas para organizarse en galaxias, grupos, cúmulos y supercúmulos que incluyen una altísima diversidad de astros, esos mismos 13 800 millones de años parecen pocos. La Evolución ha actuado asombrosamente rápido para organizar todos esos cambios hasta llegar al Universo que existe hoy.

En nuestra escala humana o planetaria, podemos ver como los componentes físico-naturales de nuestro entorno Evolucionan. Por ejemplo, un río se origina en las altas montañas por la caída de lluvias o por el derretimiento de los hielos de los glaciares de montaña. En las mayores altitudes del río, cerca de su origen, el caudal es relativamente poco, pero las aguas corren a gran velocidad debido a la alta pendiente. Esa velocidad hace que las aguas tengan mucho poder erosivo y por eso arrastran piedras y rocas relativamente grandes, ayudadas también por la fuerza de gravedad. A medida que el río va fluyendo hacia abajo, se van uniendo otras corrientes de agua similares y así va aumentando su caudal y su fuerza para desprender y arrastrar rocas. Cuando se va acercando al piedemonte, disminuye la pendiente y con ello la velocidad de las aguas. Las piedras de mayor tamaño se van quedando detenidas porque el agua ya no tiene suficiente fuerza para moverlas, pero las piedras menores continúan siendo arrastradas y en ese trayecto van recibiendo golpes con otras piedras que las fracturan y terminan siendo cada vez más pequeñas porque se van dividiendo en fragmentos. El roce de unas rocas con otras y con el agua va alisando las piedras y va disminuyendo sus irregularidades y ángulos superficiales. Así los fragmentos que eran angulosos se van convirtiendo en cantos rodados. El río llega finalmente a las tierras de menor pendiente que forman los valles y planicies. Allí pierde velocidad, los cantos rodados se van quedando y el agua continúa arrastrando las partículas menores como grava, limos y arcillas que arriba, en la cuenca alta, aún formaban parte de las rocas. Esa secuencia de cambios en el río y en todos los materiales que lo conforman, es Evolución y podemos ser testigos de ese proceso si recorremos un río desde su nacimiento hasta su desembocadura final en algún lago o en el mar.

De forma similar, las montañas o cadenas montañosas también evolucionan. Cuando están recién formadas tienen cimas puntiagudas, fuertes pendientes en sus laderas y profundas vertientes entre ellas. Con el transcurrir del tiempo, cientos de millones de años, las fuerzas de la erosión por el agua y por el viento, unidas a la de gravedad, van redondeando las cimas y va disminuyendo su altitud. Las pendientes de las laderas también van disminuyendo porque la altura de las cimas son menores debido al desgaste y las vertientes se van rellenando con los materiales y sedimentos arrastrados por las aguas desde las partes más altas de las montañas. Así se forman los valles. Luego de varios millones de años en ese proceso evolutivo, una cadena montañosa va cambiando y va reduciéndose gradualmente.

Cualquier roca que podamos agarrar con nuestras manos es producto de esa Evolución que se inició desde su formación como una roca **ígnea** mediante el enfriamiento del magma del centro del planeta. Luego ocurrió su desgaste progresivo hasta que se volvió polvo prácticamente. Ese polvo proveniente de muchas rocas se fue depositando en capas y se formó una roca **sedimentaria**. Al quedar sometida a elevadas temperaturas y presión, esas rocas sedimentarias se compactaron y consolidaron para formar las rocas que conocemos como **metamórficas** (de metamorfosis). Eso es también una línea de Evolución, un proceso evolutivo de la materia inerte.

Es conveniente resaltar en este punto que esa Evolución en los niveles de organización de la materia no ocurre con planeación previa o con algún objetivo predeterminado por algún ser omnipotente... Es simplemente un fenómeno natural, una singularidad que no tiene dimensiones espaciales ni ubicación en el tiempo. Es un proceso no diseñado ni dirigido que, debido a las leyes de la química y de la física, se opone al caos y favorece al orden; aunque aún subsistan elementos en caos.

Las fuerzas telúricas generan cambios en la corteza terrestre y las fuerzas atmosféricas contribuyen a que esas formaciones vayan evolucionando y cambiando progresivamente su tamaño, sus formas, ángulos, texturas y otras características.

III

LA EVOLUCIÓN DE LA ENERGÍA

¿Cuándo surgió la energía?
¿Cuál fue la primera energía?
¿Evoluciona también la energía?

En el mismo instante en que ocurrió el *Big Bang* se inició la existencia del **Universo** y de sus tres componentes fundamentales: el **espacio**, el **tiempo** y la **materia**. Como consecuencia de la coexistencia de esos tres componentes primordiales, se inició también la **Evolución**. También se iniciaron la **química** y la **física**, 13 800 millones de años antes de que existiera un ser vivo auto denominado *Homo sapiens* que se interesaría en estudiarlas. Como resultado de las interacciones químicas y físicas entre la materia, surgió otro componente importantísimo del Universo: la **energía**... ¡Y la energía también evoluciona!

La energía no es materia, sin embargo puede medirse. Generalmente, la energía está contenida en algún tipo de materia, en forma de enlaces químicos y cargas electrostáticas. Hay muchos tipos de energía y el hombre ha avanzado muchísimo en el desarrollo de sistemas para su uso y transformación. La energía térmica (calor), eólica (viento), solar, lumínica, eléctrica, fósil, biorrenovable, nuclear, entre otras, son diferentes alternativas que han impulsado el desarrollo de la humanidad.

Luego del *Big Bang* el incipiente Universo estaba repleto de una nube de polvo cósmico formada por partículas subatómicas dispersas. Quizá había algunas con cargas eléctricas positivas y otras con cargas negativas. Había también partículas con carga neutra. Unas con otras se fueron uniendo y allí surgieron los átomos y luego los enlaces químicos que fueron posiblemente la primera energía.

Puede decirse que el producto más trascendental e importante de la Evolución fue el átomo. Con el surgimiento de diferentes tipos de átomos que varían principalmente en la cantidad de electrones que giran en torno al núcleo central, fueron apareciendo los elementos químicos. Probablemente los elementos que son hoy más abundantes en el Universo, estuvieron entre los primeros que se formaron después del *Big Bang*: Hidrógeno, Helio, Nitrógeno, Hierro, Oxígeno...

A medida que se fueron haciendo más complejas las moléculas de los nuevos compuestos químicos, más energía se iba acumulando en sus enlaces.

No sabemos cuándo surgió la primera luz en aquel Universo temprano. La luz es parte del amplio espectro de radiación electromagnética. Existen dos teorías que se sobreponen sobre la constitución de la luz: la teoría ondulatoria y la teoría corpuscular. Para la primera, la luz es una onda electromagnética de muy alta frecuencia; mientras que la segunda considera la luz como un haz de corpúsculos infinitamente pequeños. Esas partículas elementales no tienen masa ni carga y se denominan **fotones**.

LA EVOLUCIÓN ES D.I.O.S.

Debido a la alta velocidad con la cual se desplazan los fotones, que ronda los 300 000 km/s, representan una forma de energía que el hombre está tratando de aprovechar de diferentes formas. Las plantas aprovechan la luz solar como elemento imprescindible para realizar la fotosíntesis con la cual transforman el dióxido de carbono (CO_2) del aire y otros elementos del aire, del agua y de los suelos, en compuestos orgánicos que constituyen sus tejidos y los nutren. Sin duda alguna, la fotosíntesis fue un gran avance <u>producido por la Evolución</u> para el desarrollo de la vida, porque a través de ella se acumulan energía y nutrientes en las plantas que después son utilizadas y sostienen toda la cadena trófica o alimentaria.

La energía fósil derivada del carbón, del petróleo y del gas natural proviene de compuestos orgánicos que alguna vez formaron parte de organismos vivos. Al quedar depositados a grandes profundidades bajo la corteza terrestre, debido a grandes cataclismos, las altas temperaturas y presión transformaron las moléculas en el caso del petróleo y se convirtieron en hidrocarburos. Sin embargo, es conveniente resaltar que esa energía fósil en su origen se derivó de la fotosíntesis de compuestos vegetales para lo cual fue necesaria la luz. Esos compuestos vegetales formaron parte luego de los organismos que consumieron aquellas plantas y luego de otros organismos que se alimentaron de los herbívoros. Finalmente, aquellas plantas y animales quedaron sepultados y con millones de años, altas temperaturas y elevadas presiones, se formó lo que llamamos petróleo que literalmente significa «aceite de piedra».

La energía fue surgiendo en el Universo en la medida en que las moléculas fueron haciéndose más complejas y se fueron uniendo en grandes cuerpos que dieron origen a los astros. La energía no evoluciona, lo que ha evolucionado son sus formas de acumulación porque la energía total del Universo debe ser constante.

En nuestro planeta actual, una de las mayores concentraciones naturales de energía que podemos contemplar a simple vista, son los rayos o descargas eléctricas que ocurren entre las nubes y entre las nubes con la superficie terrestre. Hay un solo lugar en el mundo donde ocurren permanentemente, todos los días y noches, descargas eléctricas en forma de rayos. Es en la cuenca baja del río Catatumbo que desemboca en el suroeste del lago de Maracaibo en VENEZUELA. Es un fenómeno natural muy curioso. Todos los rayos provocan la formación de ozono que es un gas formado solamente por tres átomos de oxígeno en cada molécula (O_3). El ozono es muy importante en la atmósfera para filtrar los rayos de luz ultravioleta que llegan al planeta. La luz ultravioleta es peligrosa para la vida. Como el Catatumbo es el único sitio en el planeta donde ocurren rayos todos los días, es también el único lugar en el mundo donde se produce ozono permanentemente. Escribiendo este párrafo se me ha ocurrido escribir un nuevo libro que titularé **El Relámpago del Catatumbo**: **El único manantial de ozono.**

No deja de ser curioso el caso de un animal de la escala zoológica superior, un vertebrado, que evolucionó para utilizar la energía eléctrica como arma de caza y de defensa. Se trata del pez conocido como temblador (*Electrophorus electricus*), relativamente común en la cuenca del Orinoco y del Amazonas. Aunque en muchas publicaciones lo denominan «ánguila eléctrica», no es realmente una ánguila, es un pez que

LA EVOLUCIÓN ES D.I.O.S.

pertenece a la familia *Gymnotidae*, orden *Gymnotiformes*, clase *Actinopterygii*. Este pez de cuerpo alargado puede alcanzar los dos metros y medio de longitud y 20 kg de peso, utiliza la electricidad que genera en unos órganos ubicados en la cabeza, constituidos por células especializadas para hacer violentas descargas de alto voltaje, de hasta 850 voltios, que paralizan a sus potenciales presas para alimentarse y también le sirve como arma de defensa contra depredadores. Incluso puede derribar un hombre o un jaguar con una descarga.

También utiliza descargas eléctricas de menor fuerza para comunicarse entre ellos. Es un excelente ejemplo de los avances que ha logrado la Evolución en organismos  superiores para el uso de la energía eléctrica.

Al pez temblador (*Electrophorus electricus*) se le han medido descargas que alcanzan 850 voltios, con las cuales paralizan a sus presas y se defienden de los depredadores.

IV
EVOLUCIÓN DE LA VIDA

¿Dónde y cuándo se originó la vida?
¿Cómo actuó la Evolución para proteger la
vida y hacerla cada vez más diversa?
¿Las extinciones masivas son también
parte de la Evolución?
Condiciones requeridas para evolucionar.

Ya mencionamos cómo la tendencia al orden promovida por la Evolución, ayudó a que a partir de la materia inerte surgiera la vida. Ahora le entraremos a la fracción más estudiada y, por lo tanto, la mejor conocida de la Evolución que es la referida a los seres vivos.

La única vida que nuestra ciencia conoce hasta ahora es la vida que existe en la Tierra y hay consenso en que se originó en el mar primitivo bajo condiciones muy particulares como fueron la disponibilidad de agua, las altas temperaturas, las descargas eléctricas atmosféricas (rayos), las altas concentraciones de carbono, nitrógeno, oxígeno y otros elementos que formaron parte de las primeras macromoléculas que originaron las proteínas. Sin embargo, es muy probable que un proceso similar haya podido ocurrir en otros sitios del infinito Universo. Los números en el Universo son de tan grandes magnitudes que la más minúscula probabilidad de ocurrencia que podamos asignarle al surgimiento de la vida, al multiplicarla por ejemplo por la cantidad total de planetas que hay en el Universo, resulta que ese evento pasa a ser muy probable que haya ocurrido también en otros planetas.

En la Tierra la línea evolutiva que dio origen a la vida partió de la química del carbono como principal elemento de toda la estructura. Eso no quiere decir que en otro astro del Universo tendría que haber ocurrido de la misma manera. Algunos científicos y escritores de ficción han señalado que la química del silicio (Si) también pudiera dar origen a moléculas cada vez más complejas que pudieran alcanzar un nivel de «vida». Tal posibilidad no ha sido demostrada, pero el silicio es uno de los elementos más abundantes que hay en el Universo. Es el segundo elemento más abundante en la corteza terrestre, después del oxígeno.

Si consideramos que en otro planeta muy lejano también se originó la vida con base en la química del carbono. Eso no significa que los seres vivos van a ser iguales o similares a los de la tierra. Los caminos que puede tomar la Evolución pueden ser infinitos y pueden llevar a resultados muy diferentes.

Volviendo a aquellos conglomerados de materia inerte que dieron origen a la vida. Los que se hacían más estables y resistentes a los factores ambientales, lograban permanecer más tiempo. No podemos decir que sobrevivían más tiempo porque no tenían vida. Eso hacía y aún hace que su duración o persistencia en la naturaleza, en el Universo, sea más larga. No ocurre así en los seres vivos cuya longevidad es finita y

LA EVOLUCIÓN ES D.I.O.S.

efímera si se compara con la duración por ejemplo de una roca, de una cadena montañosa o de un planeta. Sin embargo, los seres vivos tienen una cualidad que no existe en la materia inerte: la **reproducción**.

Con la reproducción se incrementa y se acelera el poder de la Evolución para promover la fijación de los cambios que resultan positivos para la persistencia de cada individuo y de cada población. En los seres vivos, a la persistencia en el tiempo la llamamos sobrevivencia. Con la reproducción ocurre otro fenómeno muy importante que es el mecanismo de la herencia mediante el cual las características individuales se transmiten de una generación a la siguiente.

Jean Baptiste LAMARCK propuso que la Evolución hacía que los individuos generaran cambios en su organismo para adaptarse a los cambios en el entorno.

Charles DARWIN en 1859, apoyado en algunas ideas de su amigo Alfred Russel WALLACE, fue el primero que explicó cómo funcionan la Evolución y la Selección Natural, en su libro **El origen de las especies**. La Evolución es solo una consecuencia de la Selección Natural o, mejor dicho, de **la sobrevivencia de los más aptos**.

Para esa fecha se sabía que existía la transmisión de caracteres físicos entre individuos de generaciones sucesivas; pero no se sabía cómo eran los mecanismos mediante los cuales operaba era transmisión.

Siete años después, el fraile Gregor MENDEL publicó los resultados de sus investigaciones sobre cómo se transmiten las características externas de los guisantes y ahí comenzó el desarrollo de la genética como ciencia que estudia la herencia.

DARWIN y WALLACE defendieron su teoría de que la Selección Natural era el **motor de la Evolución** porque es el proceso que descarta los individuos con cambios desfavorables y selecciona positivamente los que tienen cambios favorables para su sobrevivencia. Así, al sobrevivir más tiempo, los favorecidos por los cambios tienen mayor oportunidad de dejar descendientes y de esa manera esos cambios en el genotipo van aumentando la frecuencia en la población.

¿Cómo ocurren o qué genera los cambios en el genotipo?

Al principio se creía que los cambios en el genotipo eran provocados de alguna manera por los cambios ocurridos en el entorno. Fue apenas hace 50 años cuando el científico japonés Moto KIMURA presentó la **Teoría Neutralista de la Evolución Molecular**, estableciendo de manera firme e inequívoca que la deriva génica es el principal mecanismo que

LA EVOLUCIÓN ES D.I.O.S.

genera los cambios en los organismos y que luego es la Selección Natural la que se encarga de determinar cuáles de esos cambios son beneficiosos para la especies y cuáles no son útiles. Debido al diferencial en la sobrevivencia y en la reproducción de los individuos beneficiados y perjudicados por la deriva génica, los cambios que resultan positivos para la sobrevivencia se van fijando en la población. Allí radica la Evolución. Entonces, los cambios en el genotipo pueden ser previos a los cambios en el ambiente. Un ejemplo hipotético: haces varios miles de años hubo una población de un pequeño mamífero arborícola similar a una ardilla. En algún momento, nació un individuo que por alguna mutación ocurrida durante su desarrollo embrionario, nació con la membrana entre los dedos algo más desarrollada que sus congéneres en la misma población. Eran animales arborícolas que se alimentaban de frutas y pequeños invertebrados. Esa característica entre los dedos no les impidió sobrevivir y reproducirse. En las siguientes generaciones fue aumentando la cantidad de individuos con la membrana interdigital más desarrollada. Incluso, se aparearon entre sí algunos parientes con esa característica y los hijos nacieron con las membranas aún más desarrolladas.

Después de varias generaciones, ocurrió un cataclismo que causó que las tierras donde vivía aquella población se inundaran repentinamente. El bosque quedó cubierto por las aguas. Muchos animales perecieron, pero de aquella población de mamíferos arborícolas la mayoría de los que sobrevivieron fueron los que tenían las membranas interdigitales más desarrolladas porque se defendieron mejor nadando. Los sobrevivientes se establecieron en un área boscosa que quedó adyacente a aquel nuevo lago. Con el transcurrir de los años, miles de años, aquella población de mamíferos que eran netamente arborícolas y frugívoros, se transformó en una de animales arborícolas, frugívoros y piscívoros. Ahora son excelentes nadadores y además de los frutos del bosque, se alimentan también de peces. Evolucionaron y se convirtieron en excelentes depredadores de peces.

Aquel cambio genético que ocurrió en un individuo por una mutación azarosa durante las primeras etapas de su desarrollo embrionario, fue por muchos años anterior a la inundación de bosque; pero resultó ser un factor clave para la sobrevivencia ante los profundos cambios en el ambiente. La Selección Natural actuó efectivamente, como regularmente lo hace, y la población evolucionó.

Son varios los mecanismos o causas por las cuales ocurre la deriva génica, entre ellos están:

- **Mutaciones:** Son cambios azarosos que ocurren en los genes durante la división celular. Algunas veces pueden ocurrir mutaciones como respuesta a algún factor externo (Ej.: exposición a la radiactividad), pero el resultado de esos cambios siempre son azarosos.

- **Migración entre poblaciones:** Cuando a una población llega uno o varios individuos que vienen de otra población, se incorporan nuevos genes que pueden ser beneficiosos o perjudiciales para la sobrevivencia de los individuos en la población receptora. Si esos genes resultan perjudiciales, serán descartados por la Selección

Natural; pero si son beneficiosos para la sobrevivencia, serán fijados en la población a través de la herencia.

- **Transferencia horizontal:** Similar al caso anterior, cuando ocurren cruzamientos entre especies o hibridación, con descendencia total o parcialmente fértil, los nuevos genes pueden fijarse y aumentar su frecuencia en la población receptora, si resultan útiles para la sobrevivencia.

- **Recombinación:** La reproducción sexual hace que cada nuevo individuo sea una combinación de genes que recibe de ambos progenitores. Por lo tanto, ningún individuo es exactamente igual a ningún otro, ni siquiera a sus padres o hermanos. Eso genera una recombinación constante de genes y de allí pueden surgir combinaciones muy exitosas que hagan evolucionar la población. Con las combinaciones que resulten perjudiciales no ocurre ningún desastre, simplemente son descartadas por la Selección Natural.

Esa deriva genética genera **variabilidad** en la población. Si la Selección Natural es el motor de la Evolución, la variabilidad es el combustible de ese motor. Si no hay variabilidad, la Selección Natural no puede actuar diferencialmente sobre los individuos y por, lo tanto, no ocurren cambios entre las generaciones.

¿Las extinciones masivas fueron fracasos de la Evolución?

En la historia de la Tierra han ocurrido grandes extinciones de organismos debidas principalmente a cataclismos telúricos, atmosféricos o espaciales. No pueden catalogarse como fracasos evolutivos, sino más bien al contrario, fueron grandes oportunidades para que los organismos que lograron sobrevivir a la extinción o, mejor dicho, a sus causas, evolucionen más aceleradamente. Cuando el asteroide impactó nuestro planeta hace 65 millones años, causó la extinción de los dinosaurios y muchos otros organismos, pero esa extinción le abrió oportunidad a los mamíferos para evolucionar y de allí surgió el hombre. Quizá, si los dinosaurios hubiesen continuado como especies dominantes, no se hubiera formado el hombre tal como es hoy.

¿Cuáles condiciones se necesitan para poder evolucionar?

Lo primero que debo aclarar en este punto es que **para la biología**, un individuo no evoluciona. La Evolución ocurre en el lapso de varias generaciones. La Evolución produce la **adaptación** cuando los cambios genéticos que favorecen la sobrevivencia se transmiten a través de la herencia a las nuevas generaciones. Por ejemplo, un zorro que fue capturado en la naturaleza y fue encerrado en un zoológico, no se adapta a sus nuevas condiciones de vida, solo se aclimata o se acostumbra. Se requerirían de muchas generaciones de zorros mantenidas y reproducidas en esas condiciones de cautiverio para que los nuevos individuos nazcan mejor adaptados a ellas. Por lo tanto, se habla de **adaptación** cuando los cambios ocurrieron y se fijaron en el genotipo. Se habla de **aclimatación** cuando los cambios son solo en el comportamiento de un individuo y lo ayudan a sobrevivir bajo unas condiciones que son nuevas para él.

LA EVOLUCIÓN ES D.I.O.S.

La primera condición necesaria para contribuir con la Evolución es **SOBREVIVIR** a los cambios que ocurran en el ambiente o entorno; pero también hay que sobrevivir a los cambios ocurridos previamente por deriva génica en la génesis de ese nuevo ser o individuo. Debido a que la deriva génica ocurre durante la génesis de cada nuevo individuo, generalmente los cambios en el entorno ocurren después que los cambios en el genotipo y no a la inversa como se pensaba a mediados del siglo XIX.

Para sobrevivir a los cambios en el entorno lo más probable es que cada individuo tenga que cambiar sus comportamientos para aclimatarse. Si los cambios le permiten sobrevivir y seguir reproduciéndose después, sin duda estará contribuyendo con la Evolución de su especie o de su población porque probablemente tiene algunos genes que le dieron esas virtudes.

Escultura *"Flumen"* (2019) original de
Jon FOREMAN @SculpttheWorld en Instagram.

V
LA EVOLUCIÓN DEL HOMBRE

Origen del hombre.
La Evolución de la inteligencia.
¿El alma es producto de la Evolución?
La vida extraterrestre.

Una de las áreas o campos de mayor interés para los estudiosos de la Evolución es el origen del hombre y el desarrollo de su inteligencia. Es un tema muy polémico porque se enfrenta con dogmas de las diferentes religiones que tienen la creación del hombre por Dios como un dogma fundamental. De allí ha surgido el dilema entre el Creacionismo y el Evolucionismo.

Aunque los líderes más importantes de las Iglesias o religiones poco a poco han ido asumiendo posiciones intermedias de aceptación de la Evolución como fenómeno natural que influye sobre el desarrollo de los seres vivos, en lo que respecta al hombre sigue siendo un tabú.

Ya existe suficiente conocimiento científico sobre el origen del hombre, pero la falta de registros fósiles no ha permitido a la ciencia la construcción detallada e indubitable de la línea evolutiva que dio origen al hombre, sin dejar grandes saltos o vacíos entre los primates más primitivos y el hombre moderno. Siempre se ha hablado de que hay un **Eslabón Perdido** en esa cadena. El gran salto evolutivo que significó el paso de los primitivos hombres de las cavernas al *Homo sapiens* es el nido donde hasta ahora encuentra asiento la creencia en la creación.

El gran salto en el desarrollo intelectual del hombre primitivo al hombre moderno es el foco donde se centran algunas creencias religiosas como la creación y otras más modernas como la intervención de seres extraterrestres que influyeron en el desarrollo del hombre. La ciencia hasta ahora no ha podido responder a todas las dudas e interrogantes que existen sobre el ese período.

Sí Dios intervino mediante un «soplo divino» para que se formaran los primeros hombres... ¿Ese soplo infundió en el aquel nuevo ser sobre el planeta, el alma y la inteligencia?

¿Qué fue primero: la ocupación del cuerpo humano por un alma o energía espiritual o el desarrollo de su capacidad de entendimiento o inteligencia?

Si los animales no tienen alma como dice la Iglesia Católica y si, como vimos antes, la energía espiritual es una forma evolucionada de energía que se derivó de otras formas de energía que existían previamente, ¿en qué momento el hombre o los tempranos homínidos superiores adquirieron la posibilidad de tener un alma habitando en su cuerpo?

La palabra inteligencia se deriva de intelecto, de entendimiento y puede decirse que significa «capacidad de entendimiento». El hombre con su inteligencia es capaz de entender cómo y por qué ocurren los acontecimientos a su alrededor y cuando algo no lo entiende, lo averigua.

LA EVOLUCIÓN ES D.I.O.S.

¿La capacidad de entendimiento o inteligencia se desarrolló debido a la posesión de un alma en el cuerpo? ¿O sería más bien que el desarrollo de la inteligencia debido a la Evolución fue la causa de que se desarrollara en el cuerpo humano esa nueva energía espiritual que llamamos alma?

Es difícil poder definirlo... Es como la célebre pregunta sobre el huevo y la gallina. Yo me inclino por la segunda opción: fue el desarrollo intelectual el que causó una elevación de las vibraciones energéticas del cuerpo humano, en especial las energías de la mente, y eso hizo que el hombre desde muy temprano, al buscar entender cualquier realidad, buscara también una explicación sobre el origen de todo. En esa búsqueda encontró que muchas cosas solo podían ser explicadas atribuyéndolas a una inteligencia, a un poder o a un SER muy superior, una divinidad, infinita, omnipotente y sempiterna que fue el origen de todo aquello para lo cual no tenía otra explicación.

La Evolución del hombre y de su inteligencia no cesa porque la Selección Natural y la Evolución ocurren todo el tiempo, en todo el Universo.

¿Y la vida extraterrestre? ¿Habrá vida inteligente en otros planetas?

Si como vimos, la Evolución existe y sus fuerzas motrices actúan en todo el universo desde el *Big Bang*, es lógico y matemáticamente razonable concluir que sí debe existir vida en otros planetas o astros del Universo. Si hay vida inteligente es otro asunto, aunque también puede ser medianamente probable porque si se desarrolló en la Tierra que solo tiene aproximadamente un 30 % de la edad del

Universo, es probable que existan planetas con cientos o miles de millones de años más antiguos que la Tierra y en ellos la Evolución puede haber hecho de las suyas durante mucho más tiempo.

Si entramos en contacto público y notorio con seres extraterrestres inteligentes y resulta que son muy parecidos a nosotros, eso significaría que sí hubo intercambio de información genética entre terrestres y extraterrestres. Es muy poco probable o, mejor dicho, absolutamente improbable o imposible que la vida haya evolucionado por separado en dos planetas distantes, sin contactos, y se hayan desarrollado seres tan parecidos como para pasar desapercibidos unos entre otros, tal como lo dicen los «teóricos de los antiguos astronautas». Incluso hay leyendas en varias culturas muy antiguas que hablan de híbridos o hijos de los «dioses» con mujeres terrestres o de «diosas» con hombres terrestres. Hay sin duda mucha especulación de un lado y del otro.

Tengo esperanzas de que ese contacto ocurra prontamente, antes de que yo haya partido a la Eternidad o a una nueva existencia terrenal o «extraterrenal». No quisiera morir sin conocer ese desenlace y compararlo después de muerto con la verdad que voy a encontrar en el más allá del más acá.

VI

LA VIDA DESPUÉS DE LA MUERTE

La energía espiritual.
La eternidad.
Santos, ángeles y arcángeles.
La Fe. Dios.

¿Cuándo el hombre adquirió la capacidad de albergar un alma en su cuerpo? ¿Qué es realmente lo que llamamos alma? ¿Con el alma le llegó la inteligencia al hombre o fue la inteligencia que desarrolló la que le dio el alma?

En mi forma de ver las cosas, la Evolución fue haciendo al ser humano cada vez más inteligente y ese desarrollo de la inteligencia trajo consigo un nuevo tipo de energía de muy altas vibraciones: la **energía espiritual**, que es casi como la energía lumínica que llamamos LUZ. Una vez surgida esa energía, como ocurre con todas las energías, no puede destruirse, pero sí puede mutar o transformarse.

Hay seres que acumulan en sus cuerpos mucha energía espiritual, son generalmente muy inteligentes. Eso no ocurre solamente con los humanos; en los animales también existen individuos que sobresalen o destacan por su grado de inteligencia en comparación con sus congéneres.

¿Qué ocurre con la energía espiritual cuando el cuerpo muere?

Según las Leyes de la Termodinámica que conocemos hasta ahora, la energía no muere, no desaparece, no se destruye. Esa energía espiritual que cada uno de nosotros tiene es lo que las religiones llaman el ALMA. Al morir, esa energía abandona el cuerpo y, en la mayoría de los casos, sin manifestaciones visibles se eleva en la atmósfera y a ciencia cierta no sabemos adónde va. Las religiones nos dicen que las almas de energías nobles se van a un «lugar» especial que llamamos el «Cielo»... pero las almas innobles, malignas e inmundas se van al «Infierno».

Hay religiones que creen en la reencarnación y nos dicen que las almas que aún no se han purificado vuelven a reencarnar sucesivamente en nuevos cuerpos. Así, en cada nueva vida, van ascendiendo en sus niveles o frecuencias vibratorias, por decirlo de alguna manera, hasta alcanzar el nivel suficiente para permanecer en la **Eternidad**. Sin embargo, esas almas superiores algunas veces reencarnan nuevamente y son «seres de luz» que vienen a cumplir alguna misión terrenal. No siempre esas reencarnaciones son en cuerpos humanos, pueden ocurrir en cuerpos de otros animales y quién sabe si de plantas. En mi libro **CANDADO: Un alma noble en el cuerpo de un gran perro**, publicado hace menos de un mes (*www.amazon.com/dp/B08GRZYDBG*), describo la vida de uno de esos seres de luz, un alma superior, que vivió en el cuerpo de un perro que hizo historia.

LA EVOLUCIÓN ES D.I.O.S.
¿Qué es la Eternidad?

Podemos imaginar la Eternidad como el centro del Todoverso. A diferencia de los agujeros negros supermasivos que funcionan como centro gravitatorios de las galaxias, de los cuales no escapa ni la luz; la Eternidad es como un **«Faro de Luz»** donde se concentran todas las energías espirituales que ya alcanzaron el máximo nivel. Allí están las almas de esos seres superiores o seres de luz que llamamos santos, ángeles, arcángeles y toda la jerarquía celestial. Allí están muchos santos que no han sido aún reconocidos como tales por el hombre a través de las Iglesias, porque los procedimientos para reconocerlos son engorrosos y lentos. También hay muchos santos que no han sido reconocidos y quizá no lo sean nunca, porque no tuvieron una vida pública. Son los «santos anónimos» que como los «soldados desconocidos» participaron posiblemente en muchas batallas por la vida, muchas existencias, hasta que lograron alcanzar la Eternidad. Debería existir un **Día de los Santos Anónimos**, aunque también exista el Día de Todos los Santos que se celebra cada año el 1° de noviembre por la Iglesia Católica de ritual latino y el primer domingo de Pentecostés por la Iglesia Ortodoxa y las católicas del ritual bizantino.

D.I.O.S.

Ante todo este planteamiento de la energía espiritual... ¿Qué es entonces lo que llamamos Dios? ¿De dónde salió? ¿Cómo se originó? ¿Dónde está?

Desde mi punto de vista, si la energía espiritual, como todas las energías, surgió después del *Big Bang*, con la evolución de la inteligencia... Si las energías espirituales o almas más elevadas se concentran en lo que llamamos **Eternidad**, entonces hasta el mismo D.I.O.S. surgió como consecuencia de la Evolución porque Él sería la suma o acumulación de todas las energías espirituales que han alcanzado su máximo nivel. Si lo entendemos así, el producto más perfecto de la Evolución no es el hombre, sino que sería el mismísimo D.I.O.S. el producto más perfecto, sublime y portentoso de la **Evolución Universal**.

Si es difícil interpretarlo, más difícil es explicarlo porque esta versión entra en contradicción con nuestras creencias más profundas y arraigadas en nuestro ser: la Fe. La Fe no es creer como quien dice «*Yo creo que va a llover*», porque puede ser que no llueva. Es más bien como «*Yo sé que el mar es salado*». La Fe es CERTEZA, es CONFIANZA, es SEGURIDAD ABSOLUTA Y TOTAL en algo o en alguien.

Me voy a permitir una libertad que pudiera ser vista por algunos como una blasfemia. La oración católica que se denomina **El Credo** debería ser modificada para evitar la ambigüedad del verbo creer, para que en vez de decir «Creo en Dios» dijéramos «*Yo sé que existe Dios, yo sé que existió su único hijo...*». Así se evitaría el «yo creo que creo» que queda ahí implícito u oculto en la redacción oficial. Que Dios me perdone si con esta propuesta violento alguno de los principios fundamentales, no de la Iglesia, sino de Él, de D.I.O.S.

LA EVOLUCIÓN ES D.I.O.S.

Escultura *"Void of Colour"* (2019) original de
Jon FOREMAN @SculpttheWorld en Instagram.

VII

CONCLUSIONES

Creo que lo primero que se debe destacar como conclusión de esta breve revisión es que la Evolución NO ES UNA CAUSA de los cambios que ocurren en la materia inerte y en los organismos vivos. En el caso de los organismos, estos no evolucionan para cambiar, adaptarse y sobrevivir. Es al contrario: la Evolución ES LA CONSECUENCIA del efecto sinérgico de los cambios ocurridos en el genotipo por la deriva genética y la Selección Natural. La interacción entre la Selección Natural y cambios genéticos ocurridos previamente causa que algunos organismos se adapten y sobrevivan a los cambios que van surgiendo en el entorno, se reproducen y… ¡Evolucionan! - La Evolución es, por lo tanto, el RESULTADO, no el origen de la adaptación. Esta concepción de la Evolución que abarca desde las partículas subatómicas en la materia inerte puede resumirse en la siguiente aseveración:

«La EVOLUCIÓN es un fenómeno natural universal, continuo, progresivo y no·determinístico, por el cual las partículas, compuestos y aglomeraciones de materia y de energía que sean más estables y perdurables en el tiempo, van acumulando cambios y recombinaciones que generan continuamente nuevas formas de organización. Las nuevas formas que resulten más inestables o caóticas tenderán a

desaparecer más pronto que las que resultaren más estables y perdurables. Estas siempre tendrán mayores probabilidades y oportunidades para generar en el futuro nuevas formas de organización, avanzando en complejidad y en el desarrollo de interrelaciones con otras formas de organización de la materia y de la energía».

Este pequeño libro no es un libro sobre la fe, pero sí es sobre mi fe, sobre lo que pienso y siento en relación con el inicio, el desarrollo y la Evolución del Universo y de la Vida. Es un intento de hacer compatibles las visiones de la ciencia y de la religión porque algún día tendrán que llegar a un acuerdo. No puede seguir existiendo ese absurdo dilema entre el Creacionismo y el Evolucionismo. Sencillamente, lo que los científicos llamamos y entendemos como **Evolución** es lo mismo que los religiosos llaman **Dios**. La Evolución o Dios es quien ha permitido el desarrollo del «TODOVERSO» con todos sus componentes en energía, materia, espacio y tiempo.

Dios es la suma de todas las energías espirituales que han alcanzado el máximo nivel y es el centro de ese Todoverso alrededor del cual giran este Universo que apenas estamos empezando a conocer y todos los que nos falta aún por descubrir. Si nos imaginamos el modelo espacial del átomo propuesto por Niels BOHR en 1913 aplicado a ese Todoverso, tendremos que el núcleo central es la **Eternidad** donde están concentradas todas las energías espirituales libres que no están encarnadas en algún cuerpo. Esas energías, en sus diferentes jerarquías o niveles, incluyendo la mayor de todas que es Dios, conforman el centro gravitacional del Todoverso. En esa jerarquía espiritual máxima que llamamos Dios se van sumando las energías espirituales que van alcanzando el máximo nivel jerárquico. Alrededor de ese núcleo energético de alto poder giran todos los Universos, organizados en

LA EVOLUCIÓN ES D.I.O.S.

diferentes órbitas, tal como los electrones en un átomo, los planetas en el sistema solar o las galaxias en un cúmulo. De todos los Universos que existen, nosotros los hombres apenas conocemos parcialmente uno.

EL TODOVERSO

El planeta Neptuno, antes de ser descubierto y observado físicamente, fue primero detectado y predicha con certeza su existencia y ubicación en 1846, con base en sus efectos gravitatorios sobre Urano, Saturno y Júpiter. Siguiendo las leyes de KEPLER y de NEWTON, fue «descubierto» primero matemáticamente por los astrónomos John Couch ADAMS y Urbain LE VERRIER, quienes calcularon, de forma independiente uno del otro, la probable ubicación en el firmamento de un hipotético planeta. Su posición fue calculada con tal precisión que con un telescopio de aquella época, el astrónomo Johann GALLE pudo observarlo el 23 de septiembre de 1846.

De modo similar, ya hay científicos que predicen la posible existencia de otros universos que llaman paralelos, ortogónicos, yuxtapuestos, reflejados, concéntricos, de antimateria, etc. Ya llegará el momento en que el hombre con su inteligencia y su ciencia pueda determinar y comprobar su existencia... ¡Hacia allá vamos!

Muchas personas que me conocen o han interactuado conmigo por las redes sociales, me han preguntado por qué yo escribo **D.I.O.S.** en vez de Dios. Para mí, en esas siglas se resume el **Yo Sé**: **D.I.O.S.** significa **Divinidad, Infinita, Omnipotente y Sempiterna**. Digo que D.I.O.S. es sempiterno porque aunque tuvo su origen mediante la Evolución de la energía espiritual, «*su reino no tendrá fin*».

La conclusión principal de este nuevo concepto de **Evolución Universal** es que D.I.O.S. sí existe, pero no es un Dios creador, sino que Él mismo también es producto de la Evolución que es la verdadera fuerza creadora. D.I.O.S. es la sumatoria de todas las energías espirituales que han alcanzado el máximo nivel evolutivo y están consolidadas en el centro del **Todoverso** que no es un Hoyo Negro Supermasivo de donde no escapa ni la luz; sino todo lo contrario, es un «**Centro de Infinita Luz**»… Es lo que llamamos *La Eternidad*.

Así es y yo no lo creo… *¡yo lo sé!*

Escultura *"Stella Glomerorum"* (2020) original de Jon FOREMAN @SculpttheWorld en Instagram.

Epílogo
TRASCENDENCIA

Por: **Ph.D. Anssalm** Тляка Σsquadra ∴ Ж
West Jerusalem, Israel.

Mi amigo el profesor Antonio me pidió que le escribiera el prólogo para este libro y yo después de leerlo, le pedí que me permitiera también escribirle un epílogo, porque no me pareció lógico ni conveniente adelantarle al lector en las páginas preliminares del libro, algunas opiniones mías que considero importantes.

Desde la publicación de su libro **La Tridimensionalidad del Tiempo**, en noviembre de 2019, el profesor GONZÁLEZ FERNÁNDEZ me había adelantado que pensaba publicar un libro sobre la Evolución. Durante más de un año estuvo acariciando la idea y ya tenía decidido el título que llevaría este libro, pero no había escrito ni una sola palabra. Eran solo meditaciones esporádicas que se le venían a la mente.

Ante la profunda crisis total y absoluta que enfrenta su país, Venezuela, desde hace casi tres décadas, además de la pandemia de CIVID-19 sobrevenida este año para el mundo entero; desarrolló como una estrategia para mantenerse alejado de la tendencia generalizada hacia la depresión y para tratar de dejar la mayor cantidad y diversidad de publicaciones, el profesor Antonio decidió en agosto 2020 que era conveniente incrementar su actividad como escritor y autoeditor. Así que ese mismo mes escribió su libro **«CANDADO: Un alma noble en el cuerpo de un gran perro»**, el cual fue publicado el 26 de agosto, coincidiendo por casualidad con el Día Mundial del Perro, porque el autor ni siquiera sabía que existía esa celebración.

Dos semanas después, el martes 8 de septiembre de 2020 abrió un nuevo documento en blanco en su computadora y empezó a escribir un nuevo libro. Esa misma semana, el viernes 11 de septiembre, solo cuatro días después de haber iniciado la escritura, el profesor me envió la primera versión de su libro para que le sirviera de revisor. Por tan breve lapso invertido en escribir este libro, solo cuatro días, no dudo en calificarlo como una inspiración o «revelación divina». Su lectura me dejó impactado. Fueron muy pocas las sugerencias que le hice al autor. Le escribí el prólogo que me solicitó y junto con algunas sugerencias menores, le envié de una vez este epílogo para cerrar su libro.

La Evolución es D.I.O.S. es un libro asombroso porque en menos de sesenta páginas nos da un recorrido por los 13 800 millones de años transcurridos desde que se inició este Universo con el *Big Bang*. Y lo más increíble es que ese recorrido se realiza en todas las escalas de la existencia, desde la subatómica, pasando por la atómica, molecular, microscópica, macroscópica, biológica, planetaria, espacial, galáctica, intergaláctica... incluyendo hasta la escala espiritual. El lenguaje ameno y sencillo utilizado, lo hace idóneo para jóvenes y personas adultas que no tengan una profunda base de conocimientos científicos. Es muy fácil de entender y comprender.

Desde mi punto de vista personal, con 82 años en esta existencia terrenal y luego de acumular 60 años de estudios sobre filosofía, con énfasis sobre las religiones, considero este pequeño libro como una **Guía Trascendental sobre la Evolución** y sobre el preponderante rol que ha tenido en todo el desarrollo del Universo, de la vida y del hombre. Su visión de la Evolución desde el momento del *Big Bang* no solo es novedosa, es fundamental para entender cómo llegamos hasta donde estamos ahora y qué puede esperar la humanidad para los próximos años, milenios y millones de años.

Un importante aporte del profesor GONZÁLEZ-FERNÁNDEZ es la comprensión de que no existe la supuesta **tendencia al caos** de la que tanto se ha escrito. Es al contrario, lo que existe es una **tendencia hacia el orden**, hacia la estabilidad, hacia la persistencia, porque la Selección Natural así lo determina y por eso hay Evolución. Eso no significa que no existan partículas, elementos, seres vivos o astros que sean caóticos. Siempre existirán, pero su tendencia es a ser descartados por la Selección Natural. Cualquier componente del Universo, en cualquier escala, que sea caótico será también inestable y eso, más tarde o más temprano, lo llevará a su fin.

Este concepto es perfectamente aplicable a la sociedad humana, por eso es que los delincuentes, corruptos, narcotraficantes, terroristas y demás seres malignos, aunque finjan ser justos y partidarios del orden y de la Ley, a la Selección Natural y a la Justicia Divina no las pueden engañar, para ellas no hay nada oculto. Tarde o temprano se impondrá la Justicia para que la sociedad evolucione positivamente hacia el orden y el desarrollo.

Por último, quiero transmitir a los lectores de este ensayo mi más cordial saludo, esperanzado y confiado en que pronto cesen los principales factores que mantienen la humanidad en tan profunda crisis. Al menos en este planeta.

Que D.I.O.S. os bendiga.

ירושלים, ישראל, 11 בספטמבר 2020
Jerusalén, Israel, 11 septiembre 2020

Escultura *"Rigidity to Fluidity"* (2019) original de Jon FOREMAN @SculpttheWorld en Instagram.

OTRAS PUBLICACIONES DEL AUTOR

DISPONIBLES EN

☐ LIBROS DIGITALES O EBOOKS PARA KINDLE®

GONZÁLEZ-FERNÁNDEZ, Antonio J. 2015. **La América que murió en Berruecos: ¡La historia del futuro perdido!** Novela de aventura histórica.
www.amazon.com/dp/B071JKX9VG

GONZÁLEZ-FERNÁNDEZ, Antonio J. 2015. **Chiwiiri y Koonam: Leyenda Panare**.
www.amazon.com/dp/B01O6OSSNE

GONZÁLEZ-FERNÁNDEZ, Antonio J. 2018. **El Tesoro de Cartagena de Indias de 1815**. Novela de aventura histórica.
www.amazon.com/dp/B07FK53678

GONZÁLEZ-FERNÁNDEZ, Antonio J. 2019. **El Secreto del Pentágono en la Selva Amazónica**. Novela de ciencia ficción.
www.amazon.com/dp/B07Y28MX36

GONZÁLEZ-FERNÁNDEZ, Antonio J. 2020. **CANDADO: Un alma noble en el cuerpo de un gran perro**. Novela breve.
www.amazon.com/dp/B08GRZYDBG

GONZÁLEZ-FERNÁNDEZ, Antonio J. 2020. **La Evolución es D.I.O.S.: ¡No hay dilema!** Ensayo de Ciencia.
www.amazon.com/dp/B08HXPHNH5

DOCDIGORI. 2020. **La Huella de Antonio J. GONZÁLEZ-FERNÁNDEZ: Biografía y Bibliografía**.
https://www.amazon.com/dp/B08LY8JT7X

☐ LIBROS IMPRESOS

● **Trabajos técnicos y científicos:**

GONZÁLEZ-FERNÁNDEZ, Antonio J. 2014. **Sistema alimentario de una comunidad indígena Panare o E'ñepa del río Maniapure, estado Bolívar, Venezuela**. Tesis doctoral. Dos ediciones:
www.amazon.com/dp/1500589071 (tamaño carta)
www.amazon.com/dp/1500616923 (tamaño ½ carta)

OLMOS YATSING, Melva H. y GONZÁLEZ-FERNÁNDEZ, Antonio J. 2015. **Refugio Privado de Jaguares Silvestres de El Baúl: Diseño físico y descripción de hábitats**. Tesis de Maestría.
www.amazon.com/dp/151433769X

GONZÁLEZ-FERNÁNDEZ, Antonio J. 2017. **Depredación de ganado por jaguares y pumas en el Llano boscoso de Venezuela**. Tesis de Maestría.
www.amazon.com/dp/1544160550

CORREA-VIANA, Martín; CORREA RODRÍGUEZ, Mitzha y GONZÁLEZ-FERNÁNDEZ, Antonio J. 2019. **Morfometría, peso y apariencia de excretas del Venado Caramerudo (*Odocoileus virginianus*) de Venezuela**.
www.amazon.com/dp/1086459032

• **Obras Literarias (Novelas, relatos, ensayos, cuentos, poemas, etc.):**

GONZÁLEZ-FERNÁNDEZ, Antonio J. 2015. **La América que murió en Berruecos: ¡La historia del futuro perdido!** Novela de aventura histórica.
www.amazon.com/dp/1542671426 (en blanco y negro)
www.amazon.com/dp/1542669030 (a todo color)

GONZÁLEZ-FERNÁNDEZ, Antonio J. 2015. **Chiwiiri y Koonam: Leyenda Panare**.
www.amazon.com/dp/1514639882

GONZÁLEZ-FERNÁNDEZ, Antonio J. 2017. **Inspiraciones y ocurrencias de un cibernauta**. Compendio de publicaciones del autor en sus redes sociales.
www.amazon.com/dp/154277831X

GONZÁLEZ-FERNÁNDEZ, Antonio J. 2018. **El Tesoro de Cartagena de Indias de 1815**. Novela de aventura histórica.
www.amazon.com/dp/197691423X

GONZÁLEZ-FERNÁNDEZ, Antonio J. 2019. **El Secreto del Pentágono en la Selva Amazónica**. Novela de ciencia ficción. Dos ediciones:
www.amazon.com/dp/169355089X (en blanco y negro)
www.amazon.com/dp/B07Y4MRQJ5 (a todo color)

GONZÁLEZ-FERNÁNDEZ, Antonio J. 2019. **La Tridimensionalidad del Tiempo**. Ensayo de Ciencia.
www.amazon.com/dp/1710670061

GONZÁLEZ-FERNÁNDEZ, Antonio J. 2020. **#SomosVencejos: Filosofía para vivir volando**. Relato.
www.amazon.com/dp/1661116477

GONZÁLEZ-FERNÁNDEZ, Antonio J. 2020. **#UnPájaroCanta: Filosofía para vivir cantando**. Relato.
www.amazon.com/dp/B084QKX7MF

LA EVOLUCIÓN ES D.I.O.S.

GONZÁLEZ-FERNÁNDEZ, Antonio J. 2020. **CANDADO: Un alma noble en el cuerpo de un gran perro**. Novela breve.
   www.amazon.com/dp/B08GTMK4Q6 (en blanco y negro)
   www.amazon.com/dp/B08GLQXQ37 (a todo color)

GONZÁLEZ-FERNÁNDEZ, Antonio J. 2020. **La Evolución es D.I.O.S.: ¡No hay dilema!** Ensayo de Ciencia.
   www.amazon.com/dp/B08HW4F4M4 (a todo color)

GONZÁLEZ-FERNÁNDEZ, Antonio J. 2021. **¡Una Revelación!: Fecundación por Combinación Complementaria de Cromosomas**. Ensayo de Ciencia.
   www.amazon.com/dp/B095GS5PZ3

GONZÁLEZ-FERNÁNDEZ, Antonio J. 2022. **La República de VENEZUELA c.a.: ¿Una guía para el futuro?** Ensayo de Política, Economía y Libertad.
   www.amazon.com/dp/B0B14N23ST (Carátula dura Premium)
   www.amazon.com/dp/B0BXN99XD2 (A todo color)
   www.amazon.com/dp/B09ZCL1B5T (En blanco y negro)

GONZÁLEZ-FERNÁNDEZ, Antonio J. 2022. **The Evolution is G.O.D.: There is no dilemma!** Science Essay.
   www.amazon.com/dp/B0B2V23VMV

GONZÁLEZ-FERNÁNDEZ, Antonio J. 2022. **The Republic of VENEZUELA Inc.: A guide for the future?** Essay of Politics, Economics and Freedoms.
   www.amazon.com/dp/B0B2V26YJL

GONZÁLEZ-FERNÁNDEZ, Antonio J. 2021. **The Fecundation by Complementary Combination of Cromosomas: A Revelation!** Science Essay.
   www.amazon.com/dp/B095GS5PZ3

GONZÁLEZ-FERNÁNDEZ, Antonio J. 2022. **The America that died in Berruecos: The history of the lost future!** Novel of historical adventure.
   www.amazon.com/dp/B0B31SHFQ8

• Publicaciones de otros géneros:

GONZÁLEZ-FERNÁNDEZ, Antonio J. 2017. **Álbum Fotográfico VENEZUELA**. Serie ¡Venezolanísimo!
   www.amazon.com/dp/1979070377

GONZÁLEZ-FERNÁNDEZ, Antonio J. 2019. **Perpetual Rational Calendar: Adapting our life rhythm to the natural cycles of the Sun and the Moon.**
   www.amazon.com/dp/1687141509

GONZÁLEZ-FERNÁNDEZ, Antonio J. 2017. **Platonic Polyhedrons: Poliedros Platónicos**. Geometría Sagrada.
   www.amazon.com/dp/1978340435

GONZÁLEZ-FERNÁNDEZ, Antonio J. 2021. **Mi Chinchorro de Moriche: Poemas, cuentos, leyendas, letanías, adivinanzas y otras inspiraciones.** #PoemasCuentosyRelatos.
www.amazon.com/dp/B08JKXFDSB

GONZÁLEZ-FERNÁNDEZ, Antonio J. 2021. **MahJong – Sistema SENFÁ RALÓDIV: Sencillo, Fácil, Racional, Lógico y Divertido**. Entretenimientos #1.
www.amazon.com/dp/B093JSXRQ5

GONZÁLEZ-FERNÁNDEZ, Antonio J. 2021. **MahJong del Sistema SENFÁ RALÓDIV: Planilla para anotar puntuación, Tablas de Valores y de Manos Especiales**. Entretenimientos #2.
www.amazon.com/dp/B0953BR7C1

❏ PUBLICACIONES COMO EDITOR:

FERNÁNDEZ-YÉPEZ, Agustín. 1970. **Tesoro Essequibo**. Novela breve. Dos ediciones:
www.amazon.com/dp/1515112276 (Estilo Original)
www.amazon.com/dp/1515139700 (Estilo Moderno)

FERNÁNDEZ-YÉPEZ de GONZÁLEZ ORIA, María J. 2019. **Zoológico Infantil**. Poemario Ilustrado.
www.amazon.com/dp/107741806X

FERNÁNDEZ-YÉPEZ de GONZÁLEZ ORIA, María J. 2017. **El Jardín de los Pájaros: Un compendio de vivencias inolvidables**. Relatos.
www.amazon.com/dp/1543196020

FERNÁNDEZ-YÉPEZ de GONZÁLEZ ORIA, María J. 1970. **Canto Criollo a Carabobo**. Poema Épico.
https://www.amazon.com/dp/1500638102 (Impreso)
https://www.amazon.com/dp/B010BUDBFO (eBook)

GONZÁLEZ-FERNÁNDEZ, José F. 2017. **CUNDEAMOR: Canciones y Poemas Llaneros**. Poemario.
https://www.amazon.com/dp/1979291632

Este libro fue editado por

fue publicado el
11 de septiembre de 2020
especialmente para

Está disponible en **EDICIÓN DE LUJO** impresa **A TODO COLOR**
https://www.amazon.com/dp/B08HW4F4M4

En versión de **LIBRO DIGITAL** o eBook para Kindle®
https://www.amazon.com/dp/B08HXPHNH5

In **ENGLISH** edition:
The Evolution is G.O.D.: There is no dilemma!
www.amazon.com/dp/B0B2V23VMV

Para conocer otras publicaciones
del mismo autor visita su página en Amazon®
https://www.amazon.com/author/antoniojotagonzalez-fernandez

Si desea enviar alguna opinión, comentario,
sugerencia o consulta al autor,
hágalo al correo
DocDigOri@gmail.com

www.ingramcontent.com/pod-product-compliance
Lightning Source LLC
Chambersburg PA
CBHW040322220526